来自设计大师的

创意灵感

·

卫浴空间

Bathroom Space

丁 方 著

U0230774

化学工业出版社
北京

本书是关于各种卫浴风格、软装搭配的综合概要，从功能性和美观性两方面来解读卫浴空间设计的一系列问题，是对当下卫浴风格一次全面总结。无论你是室内设计师、软装设计师、设计专业学生，抑或是正在为改变生活方式而打造全新浴室或对现有浴室进行改造，都会在本书中发现符合你现实需求的创意及建议。

图书在版编目（ＣＩＰ）数据

来自设计大师的创意灵感·卫浴空间 / 丁方著. — 北京：化学工业出版社，2017.9
　ISBN 978-7-122-30137-6

　Ⅰ.①来… Ⅱ.①丁… Ⅲ.①卫生间－室内装饰设计－世界－图集②浴室－室内装饰设计－世界－图集 Ⅳ.① TU238

中国版本图书馆 CIP 数据核字 (2017) 第 161821 号

责任编辑：李仙华
责任校对：王素芹　　　　　装帧设计：张　辉

出版发行：化学工业出版社（北京市东城区青年湖南街 13 号
　　　　　邮政编码 100011)
印　　装：北京瑞禾彩色印刷有限公司
710mm×1000mm 1/32　印张 12½　字数 198 千字
2018 年 1 月北京第 1 版第 1 次印刷

购书咨询：010-64518888(传真：010-64519686)
售后服务：010-64518899
网　　址：http://www.cip.com.cn
凡购买本书，如有缺损质量问题，本社销售中心负责调换。

定　　价：59.00 元

序 言

掀开帘子打破墙，浴室竟然还可以这样玩！

当你来到一个陌生房间，去浴室瞅一眼是不是你必做的事？调查显示，选择首先去看浴室的人竟然占到了一半，比先享受房间或者参观厨房以及在阳台上观景的人还要多！是不是卫浴空间除了需要满足干净卫生这个最基本的条件外，在我们的潜意识里，对洗手间和浴室都有着一些小小的期待呢？

作为一名设计师，我对时下千篇一律的卫浴空间尤感不满。我甚至特别希望，在泡澡的时候还能看到远处的野生动物，是不是特别惊险又刺激？在广袤的山谷中，把身体完全浸没在温暖的泡泡浴里，睁开眼看到的满是郁郁葱葱的绿树，这才是真正的森林浴嘛！躺在房间木质的浴缸里，满眼都是舒服的原木色和浪漫的海洋蓝，温柔拂面的海风，配上海浪拍岸的声音，那才叫真正的海景房！

而这一切，如今都有可能得以实现。这一切，全都仰仗设计师的功劳！一部分设计师已经悉心打造了属于你的私人感官体验。当身体还慵懒地躺在舒适的浴缸中时，心早已飞向远方……

由此灵感，本书收录了世界各地风格多样、创意感十足的卫浴空间。它们或很唯美，或很工业，或很梦幻，或很前卫……案例大多来自于国外设计师的最新私宅或富有个性的小众酒店作品，并涵盖了很多细节和设计要点。看完此书，相信你在自家的浴缸里再也躺不住啦！还不赶紧跟着本书探访这些别有洞天的浴室？或是更勤劳一点，赶紧跟着大牌设计师们学起来，打开脑洞，把卫浴空间打造得别有洞天！DIY 扮靓你的家，一扫传统卫浴空间的无聊沉闷，就是这么简单！

在此，特别感谢为本书提供部分资料的品牌（排名不分先后）：立鼎世酒店集团（Leading Hotels of the World）、Worldhotels 酒店集团、Booking.com 缤客、汉斯格雅、第六感 Sense Luxury、DESIGN HOTELS、Heavens Portfolio 等，以及化学工业出版社的编辑，他们对本书的出版提供了很大的帮助。本书适合室内设计师、软装设计师、设计专业学生和爱好者、年轻置家者以及各年龄段凡是有改变私宅梦想的人们阅读。本书不足之处，敬请读者批评指正。

丁 方
2017 年 . 秋

目录

01

北美风格

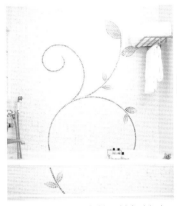

传统欧洲贵族的审美观被复制到了
纽约费尔蒙酒店的浴室内。一改往
日欧洲的阴霾色调，纽约风格总显
得那么明朗：象牙白色双开门徐徐
打开，展现在眼前的是顶部一盏小
巧玲珑的复古烛形吊灯。
细小尺寸的米白色马赛克上，卷草
图案尽显婀娜风情，复古的鎏金野
兽爪浴缸支架搭配鎏金水龙头和镶
金边镜子，十分和谐。

比佛利，Dorchester 系列。白色是永不过时的挚爱，无论是配绿植还是配原木，都显得很合适！

▲达拉斯，暗红色格子纹路的壁纸搭配同色系大理石，木质黑边镜子两侧是银色壁灯，会将你的面部肤色照出好气色。鲜花让你拥有一天好心情！

▲苏克海湾小屋是全加拿大最热门的求婚场所，有着婉约而沉静的古典气息。浸泡在浴缸中，让人想起了很多20世纪五十年代的美国电影。文化石，粗砺的质感、自然的形态，是人们回归自然、返朴归真的心态在室内的一种体现。

▲卫浴间干区铺设黄色壁纸,一如加州橙色的阳光。

▼它有着欧罗巴的奢侈与贵气,但又结合了美洲大陆这块水土的不羁,这种结合剔除了许多羁绊,但又能找寻文化根基。

The Driskill 身为奥斯汀的地标，始建于 1886 年。手工彩绘玻璃搭配椭圆形猫脚浴缸、圆形镜子，将旧时代的迷人魅力与所有当今现代化奢华设施典雅地融为一体。

▲纽约玫瑰林嘉丽酒店的卫浴间，黑和白色背景完全是两种腔调。
白色石膏墙壁勾弧形墙角线，配云石台盆，显得轻松又和谐。
而黑色烤漆背景的墙壁搭配金属、鲜花，则显出都市夜晚的华贵与妖娆。
黑与白，你更喜欢哪个呢？

百慕大罗斯伍德塔克珀恩特酒店的淋浴房非常特别。不仅仅是顶部淋浴，而是在多个侧面安装了喷淋龙头，360度全方位洗刷与按摩。

殖民地风格是现代美式风格的发源
地，也是我们寻找那个温暖、舒适
和放松的家，是美梦开始的地方。
殖民地风格大约产生17世纪，自从
第一批来自英国的开拓者踏上这片
辽阔的土地——北美洲，便把新英
格兰风格的建筑与装饰风格带到了
这里。

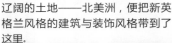

美国圣巴巴拉，圣思多罗牧场酒店就采用殖民地风格打扮卫浴空间：三角形木质梁柱顶部、砖墙或竖条栅格墙面、手工地毯、手工摆件，一切就像旧时光。随意、朴素、实用、布置自由，新移民们创造了一种全新的生活方式。

▲美国 The Greenwich 酒店，正好迎合了时下的主流审美人群对生活方式的需求，即：有文化感、有贵气感，还不能缺乏自在感与情调感。

▲黄铜在灯光的映衬下十分夺目。

> 美国丰富的木材不但适合做柜子，还适合做装饰用途。

如同美国独立精神一般，讲究的是如何通过生活经历去累积自己对艺术、对品味的鉴赏能力，从中摸索出独一无二的美学空间。

02

波普风格

25 小时酒店汉堡海港新城店。波普艺术风格所表达的空间中，使用了大量的色泽鲜艳、造型感强的波普风格家具和装饰品，而装修则退居次要位置。漫画、棕色瓷片拼接而成的地面和墙面，都透露着简单、实用、男性化的气息。好像在说："这间屋子专属男性，不喜欢，不要来住哦！"

亚特兰大凯悦酒店，眼镜哥哥的私密空间。圆形镜子加上极简壁灯，中心配白色长条花瓶。嗨，一副眼镜架在鼻子上啦！白天出门要梳妆，夜晚入睡前要脱掉眼镜，多么"温暖"的卫浴空间！

这是 Ardsley 在纽约的家，用色非常鲜艳。
设计师：Eisner Design
摄影：Steven Mays

▲马尔代夫因其高质量的潜水环境而闻名。清爽的装饰，镜子、凳子都仿贝壳形状，千奇百怪。而装饰画，就数窗外的海景最棒了！

▲华盛顿文华东方酒店，海浪拍打主题的背景墙面和按摩泳池的漩涡相互呼应，一动一静，尽显奇趣。

▲新加坡大华酒店，服装秀制作人 Daniel Boey 设计的浓艳离奇主题，却是受著名摄影师 David Lachapelle 的作品启发。

▲电影导演 Glen Goei 设计的主题来自于张艺谋的电影《菊豆》。

▲ Indigo 巴黎歌剧院店，镜边装饰采用波普艺术中常用图形——圆形，同时也起到照明作用。

▲罗马英迪格酒店卫浴间，大尺寸怀旧汽车照片，配缤纷色调洗漱用品。波普风就是这样，够年轻、够大胆，没有什么不可以！

气泡元素，天空色系的灯光。来到这个浴池好似穿越到外星人的地盘，一切都在膨胀，犹如心情。

03

地中海风格

爱洛斯别墅是一幢"穴式"别墅。如果你杜绝一切绚丽的色彩，讨厌一切多余的家具和陈设，那么这个空间绝对适合你。水泥空间，一切边角被处理成弧形，没有坚硬棱角，水泥也不再那么冰冷，而是变身成了非常好用上手的家具。

图片来源：第六感

▲爱琴魔法别墅的卫浴间
无不体现出浪漫的奢华与情调。

▲满月别墅的卫浴间
被刷成宝石颜色墙壁的浴室。

▲基克拉泽斯的风格，小巧而精致。基克拉泽斯诸岛为多山的岛屿，采用原始洞穴般的硬装修，加上铜边镜子、南瓜灯、蜡烛，不得已才加上现代化的五金龙头，仿佛回到古希腊。
图片来源：第六感

蓝色 VS 白色

由于光照足，所有颜色的饱和度也很高，体现出色彩最绚烂的一面。地中海的颜色特点就是无须造作，本色呈现。蓝与白是较典型的地中海颜色搭配。希腊的白色村庄、沙滩、碧海、蓝天连成一片，甚至门框、窗户、椅面都是蓝与白的配色，将蓝与白不同程度的对比与组合发挥到极致。

这是位于希腊圣托里尼岛的卫浴间。

无论是上图的拱形装饰还是右图的波浪形装饰，无不体现出浓浓的地中海风格。

重现地中海风格无需太大技巧，而是保持简单的意念，捕捉光线、取材大自然，大胆而自由地运用色彩、样式。连续的回廊和拱门，是重现地中海风格的必备元素。无需太多矫揉造作的技法。

▲耶特曼酒店（葡萄牙）

想象一下，躺在奢华舒适的浴缸里，品着波尔多最好的葡萄酒，着实很难不醉倒在爱情的甜蜜中。

▲ 繁复而连续的忍冬纹图形装饰着浴缸和镜子。沿丝绸之路向东传播的"忍冬纹",历来被认为源于希腊并取材于中国人十分喜爱的忍冬花。

优雅的设计包括阿拉伯风格的拱门和瓷砖。作为地中海样式的典型代表之一的西班牙风格，深受北非风格影响，将北非特有的沙漠、岩石、泥、沙等天然景观颜色的土黄及褐色调子运用在卫浴间，颜色做旧而自然。造型别致的拱廊和细细小小的马赛克仿石砾图案当然都必不可少。

▲西班牙格拉纳达，玫瑰与爱情，都盛开在此浴室中。

▲巴塞罗那文华东方酒店的露天浴池，借鉴北非特有的沙漠、岩石、泥、沙等天然景观颜色产生的土黄及红褐色调，低调得一塌糊涂。

▲来葡萄牙，才发现瓷砖居然可以这样玩！瓷砖跨越各个时代的风格和语言，用五颜六色描绘着各种空间，包括浴室。

葡萄牙语瓷砖来源于阿拉伯单词，意思是"光滑的小石头"，在中世纪时是穆斯林们在使用。而如今的瓷砖画，早已是葡萄牙人擅长的装饰元素。瓷砖画，作为最适合浴室用的装饰品，也瞬间点燃了那些平淡的生活。

04

东北欧、俄罗斯风格

▲布拉格文华东方酒店的卫浴间

捷克人对木材的情有独钟，就连卫浴间这样不适合全木装修的地方也用
仿木纹板砖。置身于几百年前的欧洲文艺复兴时期和巴洛克式的宫殿，
体验布拉格小城五星级的奢华！

斯洛伐克首都布拉迪斯拉发，紫色
主题的卫浴间，按摩浴缸很舒服。

▲金碧辉煌的俄罗斯风格卫浴间。

▲全木质桑拿屋，可坐、可站、可躺。

犹如森林小木屋，浴缸也被包裹着实木。

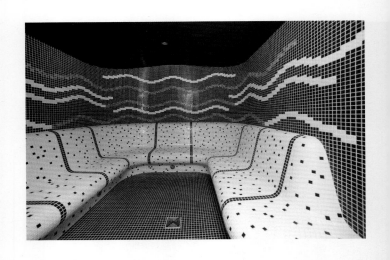

▼马赛克材质的桑拿屋，功能多样。

俄罗斯设计师 Alexander Krauze 的
作品，大理石和木头材质交错使用，
软硬材质配比得当。

05

都市风格

优雅的米科诺斯岛上，家具材质采用天然石材、玻璃等来拓宽视觉感及表现光与影的和谐。家具线条以规则的几何形体为元素，线条多采用直线表现现代风格。家具色彩用黑、白、灰等中间色为基调色，通过橙色来表现内涵。

▲这是位于布拉迪斯拉发城市中心的卫浴间。大面积采用纯色系，局部以小面积同色系纹理和材质对比作为点缀；多采用不同材质结合，线条简洁硬朗。

▲作为国际知名的阿根廷裔法国建筑设计师，Marcelo Joulia 的作品遍布全球。这是他位于巴黎的家。

为何他成为国际知名设计师？来看看他的秘诀吧！就连泡澡的时候也在学习。

来自纽约的知名设计事务所 Clodagh Designs 打造出了繁忙都市中的一座现代海滩酒店——迈阿密东隅。

设计师 Clodagh 以色彩和灯光作为导航功能。从一个空间到另一个空间的无缝衔接创造出整个空间合而为一的整体感，让每个空间以独特的方式相互连接。力求让宾客享受到环环相扣的美好体验，同时又能有似曾相识之感。这种温馨的怀旧氛围与和谐统一的感觉是设计师所希望创造的。

▲伦敦公园广场西敏桥酒店的卫浴间，都市人善用的中性灰配鲜花绿植，感觉生活很美好。

上海外滩茂悦大酒店，定制的大理石船形浴缸，弯折角度和房间窗户的角度完全匹配。落地玻璃窗让外滩夜景一览无余。看着看着，仿佛你就在东方明珠跟前，低头一看，人还在浴缸中。

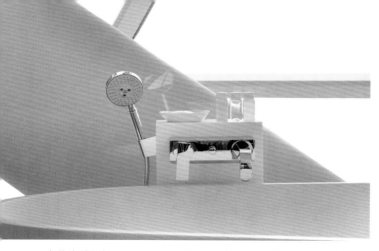

▲阿布扎比首都凯悦酒店的圆形浴缸，配小巧的卫浴龙头。摆设台组合合理、精致。

▼不大的碗形浴缸足以容纳一人沐浴，简简单单但空间开阔的卫浴间，犹如被走道包裹着，安全感十足。

敢于采用全白色装修，对卫生条件十分自信。巴黎文华东方酒店的观景浴缸冲出一汪清泉，在阳光照射下显得尤为清爽。巴黎人总喜爱那份清浅的美，连插画都是白瓷瓶配白花。全白的屋子显示整体感十足。而被窗框隔断的窗外埃菲尔铁塔的美景，正是这个城市献给客人的礼物。

现代商务风格的北京东隅酒店由贝诺建筑设计公司构思打造。

灰色，穿插于黑白两色间，更有些幽、淡之美。它没有黑与白的纯粹、单一。它不用和白色比纯洁，不用和黑色比空洞，而是有点单纯，有点寂寞，有点空灵，捉摸不定，奔跑于黑白之间，像极了人心的善变，是最像人的颜色。

▲广州柏悦酒店，橙色灯光在天气阴霾的时候会营造出类似阳光般的效果，而遮阳帘透出的蓝色正好和橙色灯光互补。

▲天津中心唐拉雅秀，浴缸中选用开花后不久的玫瑰花瓣，令泡澡的保健效果最棒。

> 灰色，含蓄而柔和，给人高品位、精致感受，又给人沉稳、沧桑之感，着实迷人。

坐落于繁华热闹的铜锣湾的 J Plus
Hotel by YOO 全部缀以 Philippe
Starck 亲自设计或挑选的家具，并
附设一应俱全的云石浴室。天然云
石外观手感平滑、细腻，色浅而质实，
光线效果朦胧有气氛。

< 天然的，才是最棒的。冬天里，在自家玻璃房晒个太阳很舒服。同理，在玻璃房里按个下沉式浴缸，边泡澡边晒太阳，连浴霸都免了。

< 黑色浴缸配黄金灯光和大理石，活脱脱一个金碧辉煌的浴室！

图片来源：卡德维

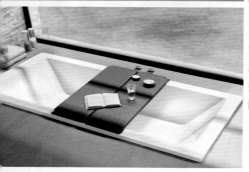

屋子很小，没处放大浴缸？没关系！当你不泡澡的时候完全可以盖起来，当椅子或单人床，一物多用，省钱省空间。

图片来源：卡德维

买了个浴缸不能天天换颜色怎么办？这款浴缸能变幻出红橙黄绿蓝靛紫多种色调，让你从此喜欢上泡澡这件事。

图片来源：卡德维

特别素雅又天然的空间：白色落地帘子，敦实的椭圆形浴缸，衣架采用树枝形状。快看，窗外一只麋鹿正在看你泡澡呢。

64

▲紫色淋浴空间很别致。地面的防溅水细节做得到位。

图片来源：卡德维

< 香港东隅酒店套房的卫浴间，干湿区域分明，柔和的驼色系让人感觉到香港这个城市精致的一面。

▼ 阿姆斯特丹的灰色，
比白色深些，
比黑色浅些，
比银色暗淡，
比红色冷寂。

< 花洒龙头水疗，带有智能按摩功能。

< 比奇伍德英迪格，干区和湿区一墙之隔，同时也用不同的灯光拉开差异。

< 圣地亚哥英迪格酒店，薄荷蓝的墙面和简单的陈列让人忘却卫浴间是个隐秘之地。

< 一抹 Tiffany 绿让人难忘。

> 卡塔赫纳洲际酒店，名贵品种的大理石铺设出好心情。

> 上海五角场凯悦酒店的卫浴空间，略带弧度的观景空间，淋浴、泡澡两相宜。

▲百叶窗在此显得特别素雅。狗尾巴草和水培植物的摆设看着很养眼！

> 专属于圣彼得堡的颜色总显得浓郁：大红配金色，皇家范十足。

▲巴黎 Le Roch 酒店，从摩洛哥瓷砖 zellij 那里汲取灵感，异域风情扑面而来。

▲巴塞罗那文华东方酒店，明媚的黄色就像巴塞罗那的好天气。

> 海德公园旁的一处公寓卫浴间，圆形镜子配圆柱形洗手台，加上淋浴房内的弧形马赛克纹理，想必主人非常喜欢"圆"。

▲华尔道夫 Astoria 酒店，高级灰让空间倍显清爽。

▼布拉格马克大酒店，原本不大的空间因为放射状纹理的马赛克格子而显得增大数倍。

▼图片来源：科鲁迪卫浴

柏林英迪格酒店的卫浴间，设计师选用反光马赛克作为淋浴房的墙面，
在灯光的照耀下闪闪发光。

▲米兰文华东方酒店，朦胧就是美，譬如隔断。

▼迈阿密南部海滩，只需通透的白色墙面、洗手台和镜子，便将周围的"海洋色"脱颖而出。高明的设计不在于反复，而在于恰到好处。

▼普吉岛 Iniala Beach House
想必这是收藏家的浴室吧！满满的收藏盛宴，哪怕在泡澡时都在欣赏与眼观。
图片提供：Heavens Portfolio

▲克罗地亚，折衷主义审美情趣。春来插花三两枝，粉色总能让人浮想联翩。

▲印尼，设计师采用大面积的亮眼黄色，让原本冰冷的卫浴间多了些温暖色调，同时也起到提醒使用者小心地滑等的安全提示作用。

▼重庆富力凯悦酒店的卫浴间照明很科学，多盏节能灯把光线安排均匀。仿木纹的烤漆洗手台，圆蛋形洗手池，白色地垫……一切看起来都很亲切。

▼金箔色的防水台加上半透明的百叶，露出窗外一抹绿色，将浴缸四周打造得生机蓬勃。

▲游艇井然有序地停在海岸边，夜景很美。我们的注意力都被窗外美景吸引过去了。尽量让卫浴空间色调单纯些，少一些繁复，多一些品质，好让眼睛休息。

06
非洲风格

Zimbali Lodge 的卫浴空间，人造但近似天然。暖色系、大地色系和秋天的色调与四周的自然风景交相呼应。

< 德国汉堡动物园主题的卫浴间：门边框镶嵌了动物造型，鹅卵石砌成圆形浴缸，就连壁灯都像长颈鹿伸长脖子的动作，太萌了。

▲ 南非盘根错节的丛林深处，落日的余晖将此晕染上一片绯红。这是一个专为泡澡狂热分子打造的阳台。闻幽幽花香，喝久藏香槟，泡完了再去冷水浴缸中浸泡，绝对能塑造出弹性而紧实的好皮肤。

别不好意思了，草原上看到你洗澡的朋友有大象和牛羊。但这个角落其实隐秘，你可以边泡澡边看到野生动物们，而它们未必看得到你，因为有砖石砌墙和岩石遮挡着呢。

泡完澡，在手工编织的地毯上小憩，大晴天的户外浴室绝对是个天然氧吧。这就是非洲风格最令都市人着迷的地方：野生动物就在你身边，人与自然和谐共存。

▲南非马迪克韦山上的山林小屋。大地色系的整体空间和周围繁茂的草原没有太多隔阂，菠萝纹编织图案的凳子，局部鹅卵石地面既有装饰作用又能防滑，一切尽显粗犷与迷幻交织的非洲风情。

▲失落城皇宫酒店的卫浴间，欧洲古典风格掺杂非洲特有的粗犷线条，奢华、精致，但不做作。

▲如何用现代化材质打造出非洲气氛？来坦桑尼亚看看便知道了。

一切就地取材，宛若天成。不同于往昔都市酒店的高冷艳，南非的花瓣浴取自刚采摘的玫瑰花。花香和花瓣中的药用成分在温水的刺激下，起到防病保健的作用。

85

▲好有范的浴池。这里是南非，保留往昔英伦风范，但空间更大。整体色系呈金、驼、咖、褐色基调，和草原很搭调。

07
法式风格

▲仿效昔日贵族风格，巴黎洲际酒店的卫浴间细节处理上运用法式雕花、线条，制作工艺精细考究。

<Dorchester Spa，女士专用的梳妆台。粉色的舒适靠椅，长长的椭圆形镜子，可同时容纳三位美女哦！

▲洲际波尔多格兰德酒店的卫浴间。类似法国时装，外形不会太出挑，也没有太大的年龄和性别的限制，并且不会令使用者看上去像个时尚的受害者。巴黎式时髦的基本要素其实就是保守，法国人有自己很固执的审美观。

图片来源：香港 GIL 设计公司

巴黎香格里拉酒店的卫浴空间。法式风格崇尚冲突之美，讲究心灵的自然回归感，给人一种扑面而来的浓郁气息。追求色彩和内在联系，让人感到有很大的活动空间。开放式的空间结构、随处可见的花卉和绿色植物、雕刻精细的家具……不论是墙上油画生动的人物造型，抑或是窗前的一把椅子，在任何一个角落，都能体会到主人悠然自得的生活和阳光般明媚的心情。

…式最讲究对称，巴黎巴克波罗酒店浴室，就 ▲科鲁迪卫浴
…也是如此。

…黎之花美丽时光之家，融合魅力与典 ▼法式设计的奥秘在于将小空间放大。
…青花瓷在此运用得非常别致。 这个狭长形的浴室看起来视野很开阔。

▲圆形象征复古，在法式设计中被运用得淋漓尽致。

▲法式休闲风格强调悠然自得、阳光明媚。碎花图案窗帘就是其代表。

▲上海绿城玫瑰园卫浴间

> 曼谷文华东方酒店的法式浴室，精巧、柔美。紫色运用得恰到好处。

< 秉持典型的法式风格搭配原则，配合扶手和椅腿的弧形曲度，桌椅显得优雅矜贵。洛可可风格带有女性的柔美，最明显的特点就是以芭蕾舞为原型的椅腿，有着融于家具中的韵律美。

法国人的浪漫不仅是表现在日常的社交行为中，也体现在装修风格上。无论是色彩搭配、线条设计、家具搭配，都有着浪漫格调。比如线条都是富有一种柔美而有形的味道，色调也很浓郁。

▲ COGEMAD 设计的路易十四城堡（Chateau Louis XIV）的 SPA 空间。

▼ COGEMAD 设计的 Arc En Ciel 大宅卫浴间。采用法式新古典风格，白的色泽很干净，地坪装饰感很强，呼应了家具的深棕色，在简单中不失高雅。

▼采用非常妖娆的卷草纹腰线，将墙壁功能一分为二。生活不能将就，哪怕空间有限。

▼光影深处，仿佛看到昔日贵妇坐在布满花枝的绸缎靠背椅上，黄铜镜子是给她准备的最好礼物。夜幕降临，整理妆容，赴约一场古典音乐会去了……

越南，一个带着后殖民时代浪漫气息的东南亚国家。The Reverie Saigon 有略施粉黛的法式浴室。满眼的巴洛克式古典宫廷摆设，通透的大理石立面与华丽的装饰地板，还有一场精致的水晶，预示着你即将进入 The Reverie 打造的华美宫廷。

仿佛来到华丽宫廷。选用繁复的马赛克图案，
打造出了一个真正的梦幻家园。

其实设计师最初想要意式风格的效果，但因为建筑物是在昔日法国殖民地上建造，难免有些法式痕迹。这些豪华到令人目眩的浴室，几乎每一间都能清晰地欣赏到西贡河的落日余晖，光是琢磨浴室的种种细节与精致，就要花去大半天时间。

一帘幽梦，只是不想醒来……

浴缸和洗手台整体样式具有华美浑厚的效果，特别是在柜边和线脚部分，运用了 18K 真金箔，色彩华丽，构成室内庄重豪华的气氛。与之匹配的是手工拼花地砖，蓝配黄色，昔日皇家范十足。

清晨醒来，在大理石浴缸里泡个澡，看窗外有趣的特色建筑，看屋内精致的贴纸和富有生命力的花束，美好的一天从这里开始。

▲莫里斯酒店是历史与现代时尚完美结合的产物。

洗手间干区由于面向客厅，所以在设计上更注重它的装饰性。欧式古典镜的低吟浅唱、现代抛光地砖的流光烁烁、黑橡木的原木衷情……欧式元素与现代材质巧妙结合，时尚而不乏古典灵韵。

洗手间里的银镜饶有趣味，是否也让你回想起《白雪公主和七个小矮人》中的那句经典台词："魔镜魔镜告诉我，这个世界上谁最美丽呢？"

蓝色顶层复式公寓卫浴间，由 Dariel Studio 设计

▲洛桑美岸皇宫大酒店的法式新古典家具摒弃了始于洛可可风格时期的繁复装饰，追求简洁自然之美的同时保留欧式家具的线条轮廓特征，在风格和细节上，强调家具的舒适度和时代感。

< 整体上的金碧辉煌不言而喻：镜框的精细雕花，充分彰显主人的高贵身份与地位。仿若置身于古堡宫殿之中，回到中古世纪的时光。镜子里的他，是路易十四吗？

为了保护当地环境、为后人着想，
莫干山里法国山居使用环保节能的热水，
只使用回收木材、并尽可能采购当地产品。

透着复古的优雅魅力。
复古猫脚浴缸、
天然山泉水淋浴设备。
朴素即是美，
低调的奢华，
法式风格
也可以这样呈现。

▲汉斯格雅卫浴（摄于 Riz 酒店）。法式设计非常讲究对称的美感，就连卫浴间都莫过于此。聪明的设计师将圆形浴缸作为中轴线，上挂水晶吊灯，左侧为淋浴房，右侧为马桶，干湿区域分离且进出方便、互不干扰。通过功能模块的设定尽显法式风格端庄之美。

< 大理石的天然纹理好似泼墨水彩，淋浴器的管子材质棒极了，好似一根极具质感的细腰带缠绕于身，画龙点睛。

卫浴空间很大，怎样做到不空洞？很简单，搭配些造型别致的家具即可。卫浴间里大部分是功能性用品，很少纯装饰性家具，因此在挑台盆、龙头、壁灯等时候，尽量选择非常规款，以便打造出空间的独特个性。

08

工业风格

▲黑色给人的感觉是神秘冷酷，白色给人的感觉是优雅静谧，白色和黑色混合搭配，在层次上会出现更多的变化。

➘希腊，墙面不加任何装饰，把水泥墙裸露出来。

▲冰冷的砖墙和户外皑皑白雪，营造出奥地利Kappl地区Zhero-Ischgl酒店卫浴间冷静、理性的质感。

< 圣地亚哥安达仕酒店卫浴间，自然、粗野的裸砖常用于室外，但在工业风中，常把这一元素运用到室内，老旧却摩登感十足。

▲工业风中不得不说的元素便是铁艺制品，浴缸外皮大胆包裹着铁艺。持久耐用、粗犷坚韧、外表冷峻、酷感十足。
图片来源：IMPERIAL

< 麻灰色的水泥墙是后现代设计师最爱的元素之一，可以让人安静下来，静静享受这个空间的美好。

▲符合工业风不羁的特性。

展厅位于伦敦切尔西海港区英皇道。其灵感来源于不断变化的水元素——这遵循了扎哈运用自然物作为隐喻的一贯设计理念。这不仅是纯粹的视觉享受，它还巧妙地将精密控制艺术融入其中，让观者能够更好地理解展厅与 Roca 卫浴产品设计之间的关系。

不丹 UMA PARO，黑白风充斥满屋。经典黑边格子、白纱帷幔、裸墙，一切都很简单，适合人深度冥想。

酷感黑白的世界，说起来不难，做起来难。黑白是设计师永远的爱。很多时候测试设计师水平的高下，让他们试试黑白手法便可分高下。

重度工业风痴迷人士请大胆使用各种做旧元素，美国 straf 酒店，从"破烂"的墙壁到"年久失修"的家具，都是好道具。

▲希腊 Liostasi Hotels，设计师擅用圆形花窗打造出怀旧空间。

▼很酷的屋子也可以嵌入一抹明亮色：浴缸边上的海景值得一看！

09

韩式风格

韩式洗浴设计向来很讲究大池子泡浴。首尔澳科沃德世贸中心，
金顶壁灯配圆穹顶，拾级而上来到按摩浴池。窗外是首尔夜景，
美哉！

韩国首尔悦榕庄，人们擅长在大木桶中采用各种药浴法浸泡身体，同时采用精油、香薰等芳香疗法，养生作用棒极了。

10

传统海岛风格

▲鲜花铺满浴池，落地窗将希腊海边一览无余。

▲阿根廷葡萄园度假村，海边碎石砌成的墙壁，展现出原始之美。

▼这或许是长颈鹿的浴室吧。鹅卵石铺设成的地面，一棵树从天井伸出，旁边是一池清泉。阳光下，一切呈现自然之美。

▲为您的假期编织一个靛蓝色的美梦。普吉岛斯莱特酒店的洗浴空间是全敞开式的：顶部是泰国传统手工吊灯，浴缸和私人泳池各占一边，普吉风格的布艺靠枕点缀其中，形成红蓝色对比。

▲普吉岛 Keemala 度假村
碎裂墙纹理，显出粗犷之美。相比起来，浴池外的青山绿树是那么秀气。
图片提供：Heavens Portfolio

COMO Shambhala 的浴缸，令身体恢复最佳状态，充分实现身、心、灵的完美归一。

▲乌布 The Chedi Club Tanah Gajah，方形浴池搭配方形手工雕刻砖墙挂画，秩序井然。

▼直到今天仍经常有艺术家从世界各地来到乌布寻找创作灵感，许多时候吸引力来自这些年代久远的老房子。

苏梅岛，没有人能够打搅
这个茂密的芭蕉林和安静
的小渔村。
烛光、沐浴，
让时光慢下来！
美好假期让人不舍离开！

< 巴厘岛乌干沙悦榕庄，树杈构成的银色摆设像极了浴缸造型。

▲ 曼谷文华东方酒店卫浴间，采光不错。

< 马赛克拼花地面的迈阿密海滩浴室。

▲ 马尔代夫好像每天都有好天气。茅草屋内部，木质"油亮"的光泽在蔚蓝大海的衬托下十分好看。

< 曼谷香格里拉的浴缸，木质格子移门时尚大气。

▲厚重木梁十分质朴、菱形格子透出屋外浓郁的绿色和天然植物的香气，这里是印尼乌干沙悦榕庄的 SPA 间。

▼马贝拉俱乐部高尔夫水疗度假酒店，阳光洒在网纹漏窗上，很有斑驳感和年代感。

▲隐匿于加勒比海南部群岛的狭长小岛——卡努安岛，这是属于你私人的度假别墅。

▼传统亚洲民居：清砖、茅草屋檐、粗瓦砾，加上现代化的浴缸和改造后的防滑大理石地面，乌布老房子味道十足。

▲位于伊比利亚半岛的安达仕度假屋一隅。屋顶采用天然竹竿经防水防霉变处理，富有天然纹理感，颜色也和四周环境匹配。设计整体感很强。

◥纯实木矮几，透出阳光的条纹感，上面放一束蝴蝶兰煞是好看。

> 设计师用了仿年轮感的圆形纹理定制加工成尺寸超级大的洗手台。黄黄的色调，稍不留神还以为是一棵大树变的呢。

将天然竹竿竖立排成一排就是一堵墙，隔着树木时隐时现，既起到保护隐私作用，又让洗澡这件事变得天然又通风。就地选材，可不是教科书上能学来的。

▲卡尼岛 Club Med，橙黄的墙壁，鲜艳的花朵浴，围墙外是一抹绿色芭蕉。海岛人的热情都用在色彩上了。

> 这里是巴西南部隐蔽地带的一个无与伦比的私人天堂。

▲马尔代夫芙花芬岛 Fushi 度假村内，阳光、棕榈，热情而奔放。

▼无垠、无痕、无界，海边泡澡要的就是这种感觉。

Laucala，这里自然天成、幽美独特。建筑有设计感、用品有艺术性。

▲融合周围自然的低调风格与独享绝景的奢华。没有文明污染的原始自然，人生如此，夫复何求！

▼空间设计找来英国设计大师 Lynne Hunt 操刀，将自然、传统与现代建筑的三种力道融合得恰到好处，在细节处充分感受，简直就是一个自给自足的小型生态圈了。

▲品质彰显于细节之中，SPA，也是旅途中不可错过的风景。

▼华欣凯悦酒店，对于图案的选择，大花瓣的花朵是泰式装修风格的一贯作风，和自然很相近。体现了主人性格的豪放与热情。

泰式装饰的饰品多以器皿为主，运用金色较多。在泰国，金色代表着黄金，代表着财富和身份的高贵。

灵感源自泰国南部的传统文化,并透过当代风格重新演绎其独有的建筑与设计特色。扎根曼谷的设计公司 UKB Architects 因此设计出高耸的帐篷式天花,并采用大量产自泰国当地木材,务求突显空间内部豪华偌大的空间感。而 Paresa 的泰文意思正是"天堂中的天堂"。

开放式室内空间，使室内气氛更加开扬宽敞。每间别墅均与户外平台自然融合，尽览一望无际的安达曼海醉人景致，宁谧写意。别墅的浴室装潢瑰丽完善，选用意大利水磨石砖铺砌墙身。

图片来源：
普吉岛悦榕庄

▲斯里兰卡汉班托塔香格里拉度假村，典型的南亚设计风格，有着静谧与雅致、奔放与脱俗、清新与质朴的一面。融合热带雨林的自然之美和浓郁的民族特色，广泛运用木材和其他的天然原材料，如藤条、竹子、石材、青铜和黄铜，局部采用金色的壁纸、丝绸质感的布料，灯光的变化体现了稳重及豪华感。

▲瑞僖敦桑给巴尔酒店，百叶窗有点犹抱琵琶半遮面的味道。

▼这间淋浴房前后都可进入，视觉效果上十分通透。设计师利用天然采光，节省能源的同时，也为沐浴者带来更多风景。

▲将各种家具包括饰品的颜色控制在棕色或咖啡色系范围内，再用白色全面调和，是最安全又省心的聪明做法。

▼东南亚风格的家居物品多用实木、竹、藤、麻等材料打造，这些材质会使居室显得自然古朴，仿佛沐浴着阳光雨露般舒畅。卫浴是放松身心的地方，选择东南亚家具时，应注意避免天然材质自身的厚重可能带来的压迫感，而欢快的民族风格也指引着我们向轻快的原始感觉靠拢。

▲圣巴巴拉 San Ysidro Ranch 的建筑历史达 200 年，备受上流社会与好莱坞明星推崇。

▼古董家具、鎏金兽角浴缸，手工地毯，一切仿佛回到了旧时光。

美国南部海岛度假屋的温馨感，让人想起很多经典的老电影。一切看起来都不那么做作，甚至稍有些生活的琐碎。

"从农场到室内"的思维，其特色是把农场融入景观之中。

Bensley 充分利用了原始丛林的极致私隐，使之成为良朋挚爱欢欣度假的写意天堂。室内和室外空间完美融合、颇具异国风情的植物、丰富色彩的组合以及独特的宁谧氛围，塑造出醉人的非凡环境。

这鼓舞人心的风格与 Panacea 富远见的理念相辅相成，树立了具深层意义的设计和目标。

在这里，一切都尽善尽美。

马尔代夫，斜屋木架顶和茅草屋顶都非常接地气。而圆形浴缸在此起到稳定空间中心的作用，在视觉上有使小屋子变大的作用（上图），也有使大屋子找到主心骨的作用。

158

泰国 Rayavadee，还原自然特色，并带来人文特色上的精神点缀。加上天然木头踏板，非但不会显得单调和突兀，反而会使得气氛相当活跃。

仅仅透过窗玻璃看海景算什么海景房？拥有绝对的海景房，躺在房间木质的浴池里，满眼都是舒服的原木色和浪漫的海洋蓝，温柔拂面的海风，配上海浪的声音，一切的烦恼都烟消云散，只留有当下的宁静美好。
远离人群和喧嚣，这一处僻静的"世外桃源"，
绝对不用担心"美人出浴"的隐私问题！

泰国金三角四季帐篷酒店，就好像戴望舒笔下《雨巷》中撑着油纸伞的姑娘，散发出一种宛如丁香的美。

11

现代海岛风格

▲马尔代夫瓦宾法鲁悦榕庄，高科技的按摩浴缸被嵌在"天然"环境中，看起来并不突兀。

▼白色碎石铺设的墙面，海岛特色十分鲜明。

▲原本是一座自然气息浓郁的圆形小岛，至今这种气氛也丝毫没改变。

▼同样还是实木，却因为表现手法的不同，展现出清爽宜人的现代风格。

邮轮上，卡德维居然建起了带按摩功能的浴缸。凭海临风，
人生惬意不过如此。

▲ 位于希腊 Mykonos 岛，散发着基克拉迪风情。柏林建筑事务所 Lamsb & Lions 打造了 "60 年代波西米亚遇见吉普赛风"，带着人们久寻的希腊气息，遥望着天地之间的爱琴海。

▲ 迎接你的是清凉纯白的世界，石材使其看上去柔和了许多，享受远离尘嚣的私密时光。

想放松身心，按摩绝对是一个不可忽视的关键字。来到缤客网站推荐的苏梅岛 W 度假酒店，在 Away SPA 提供的精油按摩理疗服务和药草浴中彻底放松自我后，再回到专属于你的那个地盘，在设有大型甲板的私人游泳池边开场派对吧！

▲地中海的一些国家由于信奉伊斯兰教的原因，很多建筑都以纯净的白色为主。而设计师本身也偏好纯净的白色，白得彻底，白得清透，随意造型的白浴缸摆放在那里很有艺术感。

▲全日空万座海滨洲际酒店的 SPA 套间，鲜艳的床单和靠枕幻化成抽象的海岛特色元素，让人眼前一亮。

12

中南美洲海岛风格

圣地亚哥洲际酒店，"天蓝蓝、海蓝蓝"涵盖在了一幅抽象画中。藤编座椅慵懒而舒适，绿色沙发靠枕清新而宁静。这个比较炎热的城市正需要利用色彩带来一阵清凉感。

▲巴拿马 one only，通风效果颇佳的百叶窗户极好地起到了散热作用。

▲位于马米塔斯海滩的这间卫浴间运用了纹理和光线打造清爽感。

▲ Anassa 在希腊语中意为"女王",这确实是个非常适合女王泡澡的地方。塞浦路斯阿纳萨皇家酒店室内由法国设计师 Joelle Pleot 设计。

▲墨西哥 One&Only Palmilla，玛雅红遍布卫浴空间。玛雅人热情、奔放、喜爱红色，喜爱图腾和各种符号。设计师利用此人文特征，将原本冰冷的卫浴间打造成"玛雅人专用"。

红色，可见光谱中长波末端的颜色，代表着玛雅人预见未来的能力，代表着吉祥、喜气、热烈、奔放、激情、斗志，代表着积极乐观，真诚主动。

▲开普敦，同等大小的圆形吸顶灯和浴缸，象征着天地呼应、万物催生。

▼室内多角度灯光和着阳台外的余晖，将浴缸照得通体明亮。

▲带上你心爱的 TA 来悦榕庄玛雅克伯酒店赴一场玛雅风格的约会吧。白天，你们可以在私人泳池里畅游；夜晚，还可以躺在洒满玫瑰花瓣的浴缸里品尝美味的香槟。葡萄美酒夜光杯，人生之乐，尽在此地。

◢墨西哥 Casa Malca，现代结合当地民族特色的装饰风格，古朴但不笨拙，这镜子，好别致。

< 完全打破了以往材料和颜色上的束缚，回归到拉丁人热情爽朗的本性中来。在家居领域，金色通常与古典风格相结合，用以营造优雅而奢华的居家氛围。所有的平面与立面叠加起来，超过10种的色彩居家空间，表现出了墨西哥人特有的活力与个性，环视整个空间，每一个角落都充满着层次与惊喜。

墨西哥文化混合印度、美国、西班牙风格，One&Only Palmilla 是洛斯卡布斯区的佳作。设计师有着坚定的民族认同感。民间艺术、宗教元素渗透在卫浴的每个角落。

> 墨西哥式卫浴间在柜体颜色上依然选择传统的原木色，柜身并没有过多的修饰。洒脱，简单，追求本色。

▲混搭出天真感与宫廷式的小华丽。浅色橡木皮与深色铁刀木错落而成的柜面与壁面，是重整空间线条的重要功臣，用以框出不同的实用功能。而温润的质感与色调，也让浴室在一片众声喧哗中，保留住宁静沉稳角落。

▲墨西哥风格粗犷洒脱，既有浓郁的异国风格，又有和谐安宁、质朴的一面。既有现代的一面，又有古典的影子。

> 因地取材，手工木质吊灯非常有创意。

13

混搭风格

▲波尔多拉格兰德洲际酒店，透过种种摆设隐喻某些主题，诙谐幽默。

> 昏暗红色系 SPA 很有电影《2046》的感觉。

▲芝加哥华尔道夫酒店，抽象泼墨画和同色系插花，互相呼应。

▲葡萄牙维拉维塔公园 SPA 度假酒店，素雅的马赛克花朵主题墙，有效分割左右两边的不同功能区域。

▲旧金山一处现代风格的公寓卫浴间，设计师：Graham Bigelow

▼卡德维在 Meisterstueck 的展示中心。红砖、格子墙，经典的红与黑，白色浴缸妥妥的安放其中。

这是希腊文化参赞 Stelios Korkidis 在北京的家。

每个人对于家的审美都有所不同：从简约到繁复，从古典到现代，从西方到东方，从纯粹到混搭……当你沉迷于选择用某种风格去构建你的生活世界时，往往也意味着艰难地取舍。

室内设计师：
María Lantero Moreno
摄影：Pablo Gomez Zuluaga
这是一处位于西班牙马德里的现代
公寓卫浴间。屋主并不喜欢砖头水
泥的冰冷感觉，为此，设计师特地
在软装上下了功夫，选用了亲和力
很强的草编三角凳，绿色水培植物、
彩色玻璃花瓶等，一切都让原本灰
白的卫生间多了些生命的色彩。

丁金塔里奥高尔夫水疗度假酒店的套房，特色为
匹马纹的地毯横放在休息室，霸道而张扬，在以
调的低调空间中形成了小面积的视觉冲击力。

▲意大利阿米塔美容 SPA，意大利人把他们的不羁深深地刻在了红与黑色主题上。

▲明黄色，为空间平添生气。

▼这种蓝紫色的浴缸很别致。

▲来到维也纳博物馆区 25 小时酒店的卫浴间就好比进了私人博物馆。粗壮的桌腿、工业风的吊灯、拼碎木地板 …… 各种不搭调的"收藏"被聚集到了一起，不和谐却不难看，掺杂了哥特式、朋克风等多种风格。

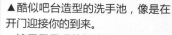

▲酷似吧台造型的洗手池，像是在开门迎接你的到来。

< 镜子里呈现的解构图形亦非常合理、美观。

< 品质彰显于细节之中。第五大道安达仕酒店的卫浴间，用新型材料打造而成的仿金色木纹墙，挖空的圆形镜子有四方连续的美感。在玻璃台面上呈现出圆形的倒影，有着水中圆月亮般的美感。

▼圆形镜子，让人联想起老鼠米奇耳朵的造型。

▲凭借独有的人文素养和其婉约美丽的殷殷之情，不断吸引着各路宾客的到访，怀旧色调总是让人联想起战前纽约的公寓。

▼黑色配金色的烤漆材质水盆，上面飘着白色花瓣，颇有日式禅味。

▲从远处看，高高的天花板和恰当高度的腰线，比例合理。

<HBA 打造 的 The Alpina Gstaad 以精致细腻的方式彰显出时尚的瑞士阿尔卑斯风格。这原本是私人宅第，洋溢独具匠心的奢华与个性；设计师透过汲取其悠久历史重新构思。暖色调的质朴木材、手作，尽显精致高雅，既传承了当地的极致工艺，亦具有与众不同的低调奢华。

▼附设大型独立浴缸、超大花洒龙头。设计理念通过水疗区域内的木栅格与滤光器再次得到展现。

▲阿姆斯特丹芬德尔公园 Park Plaza，特殊造型的窗子有些中国园林的影子。

▼迪拜棕榈岛亚特兰蒂斯度假酒店，一边泡澡，一边与海豚共舞！在水族馆看鱼毫不稀奇，但是和这些奇妙的海底动物们比一比谁的水下身姿更妖娆，可是独一无二的体验！

▲巴黎歌剧院的歌剧还没看够，没关系，来这个卫浴间看看吧。优美的舞姿让你拥有舒缓的心情。镜子边的圆形装饰好似一个个麦克风，保你欢乐嗨翻天！

▼布宜诺斯艾利斯法恩纳酒店，由菲利浦斯塔克创造极富想象力的内饰，包括墙上天鹅绒色泽般的墙壁灯光、深红色的玻璃幕墙和光彩夺目的壁灯，并提供按摩浴缸。

▲素雅的云石因为有了大红色玻璃的陈设而增色不少。云石是大自然馈赠人类的艺术精品，它那天然的纹理，或云彩，或山水，或花鸟，千姿百态，令人赞叹不已。

▲摩纳哥蒙特卡洛巴黎大饭店的洗漱台盆造型犹如轮船造型。

▼这是一个半开放式空间，富有个性的名家油画被复制在移门上供泡澡的人欣赏。

▲纱帘轻悬,极具浪漫与旖旎。喜欢旅游,并不只停留在装饰和风格上,生活方式才是最能唤起你度假感受的本质所在。所以,在功能上的混搭让洗浴空间更像是一个大房车,一座度假屋。

▼英国疯狂熊比肯斯菲尔德酒店的卫浴间。

▲收藏家别墅：全球顶尖的四名设计师将现代建筑风格和经典泰式风格相结合。

▲ SPA 天花板和墙体上都覆盖着珍珠，搭配金色和棕色家具，使得整个房间看起来金碧辉煌。

▼英国疯狂熊比肯斯菲尔德酒店的豪华装修与张扬风格，会让你觉得好像穿越了时空，快带你的爱人来一场前所未有的皇家之旅吧！

上海浦东丽思卡尔顿酒店，定制浴缸的边犹如奶油留出，让人馋涎。

14

折衷风格

▲印尼乐土精品别墅，水滴形的吊灯、竹帘，都为这个原本毫无特色的卫浴间增添了人文和地域气息。

◢加州长滩中心，如梦如幻的浅蓝色移门打开了一个浴室新天地：柔和的香槟色为基调，加上头顶一盏手工吸顶灯，营造出宁静新天地。

▼丹佛，中西合璧的卫浴空间。

▲西班牙，通过不承诺任何特定的风格，并通过随机将你最喜欢的物品放在一起的装饰，创造出混搭而折衷的生活空间。

◄印度卢迪亚纳凯悦，一大一小镜子组合很有意思。

▲弧形镶金边镜子，中式回形金线洗漱柜，红色布艺壁灯，花纹变幻的大理石……有点像兰桂坊般的打扮。

图片来源：香港 GIL 设计公司

▲戛纳马丁内兹凯悦酒店纯白浴缸，花朵浮雕主题墙非常醒目。而双侧浴室移门则选用木纹防水墙，努力营造出清水出芙蓉、天然去雕饰的感觉。

▲华盛顿文华东方酒店的洗手柜纹理好似波斯细密画，铜片装饰颇具质感。

隐匿于加勒比海南部群岛的狭长小岛——卡努安岛，仅两英里长一英里宽，岛上唯一的度假村 Canouan Resort at Carenage Bay，为世界上最大的珊瑚礁所包围。马赛克墙画非常具象的描绘了岛上美丽植物和湛蓝海水的情景。

▲享受是什么？享受就是在波萨拉酒店的浴缸里边享受西班牙暖暖的阳光边品着手中的鸡尾酒，或者尽兴畅游在泳池里。

▼上海斯沃琪和平饭店艺术中心，浓郁老上海风情与法式浪漫保持协调，保持原有风貌的同时彰显其上海著名历史地标的特殊地位。

▲阿布扎比，相比微小方面的差别，在感觉、时间或风格上的强烈对比更适合折衷风格。

◄水，最富生气的元素，也是浴室设计中最常见、最为重要的一种元素。
选用具有古典气息的桌椅表达儒雅的氛围，让人感到一丝淡雅的东方神韵的同时，能够凝神静心的憧憬美好未来。

▲毛伊岛上安达仕酒店的卫浴间，木桌呈现出干净利落的线条，极富现代感。

▼颜色的共同点，可以成为很棒的均衡器。浅蓝色调配黄色家具，通过对光和影的艺术性处理，达到空间的对比与统一。

▼你的房间看起来像个家具店。只要它们的混搭达到了平衡。也就是说，不要在一个地方堆积某一种风格的家具。

15

解构风格

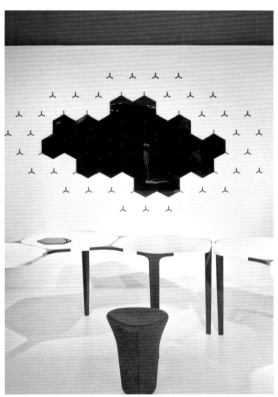

▲解构，是后结构主义提出的一种批评方法。概念原意为分解、消解、拆解、揭示等。

< 托斯洛克香格里拉度假村的卫浴空间，玻璃墙图案如行云流水。

215

▲北京东隅，卫浴间的玻璃隔断犹如地平线。

> 佩里卡诺酒店，大家总觉得墙壁没什么装饰物就显得太单调，而用了复杂图案又有密集恐惧症。十字纹图案具有放大空间的作用，恰到好处。

▼马尔马里斯镇 Elite，云石被镶嵌在镜面玻璃中，起到隔断和装饰的双重效果。

▲英迪格阿纳海姆酒店，草绿色纹理图案的洗漱空间，清新田园气息扑面而来。

▼少就是多。淋浴房不需要那么烦琐,但也得与整体空间相呼应。

< 闹中取静，维持着 19 世纪晚期的样貌。位于伦敦中心地带的梅费尔，凯莱奇是宛如艺术精品珠宝般，提供极致奢华的体验。它透过独特文化遗产给人精神享受。

▲密集纹理的墙纸，素雅的颜色让人觉得它有细节、有故事。

▼在童话世界体验家庭欢聚时光，这个卫浴空间做到了。

▲金奈洲际酒店的卫浴间，华丽丽色彩的洗手台背景墙完全符合印度人民浓墨重彩的颜色偏好，而圆形黑白浴缸配小方格灯带，无限遐想。

▲波尔图剧院酒店，亮黄色树脂材质配灯带装饰的洗手台面，大面积的椭圆形镜子呈现出安静、祥和的感觉。

▲六边形马赛克打造出丰富的黑白灰关系，加上亮黄色，显得十分摩登。

▲ Alfredo Häberli 主导的苏黎世 25 小时酒店的卫浴间，色彩明亮，定制的玻璃和洗手台盆独具个性。从日常事务中发掘非常规的表现方式，当然观察的视角也非常特别。他有着鲜明的标志性风格——一种混合了创新和纯粹快乐的能量。

▲地毯采用活泼的三角形图案拼接而成，搭配亮色几何感家具以及拼色窗帘，十分清爽。

▼绿草青青，红砖点点。

图片来源：Mob Architects
卫浴设计师：DENTAL
PRACTICE

▲杰克逊迪尔伍德公园靛蓝酒店的卫浴间，草绿色配黄色实木家具，明媚而温馨。

▼镜子，有点像"括号"的造型，诙谐幽默。

▲约克英迪格酒店，黑白经典被完全诠释。

< 黑白方格相间的地砖像是一个万花筒，给人变幻的视觉冲击力。

> 黑色给人成熟、沉稳、深沉的感觉。白色代表着纯洁，朴素，给人一种明亮干净的感觉。黑和白色放在一起，总是经典。

图片来源:
卡德维

227

▲柏林库达马多穆斯酒店的卫浴间，玻璃砖透出的天光色大大改善了卫浴间的采光条件。

▲北京公寓
设计：Dariel Studio
< 背光将多角形定制镜子衬托得非常清晰，配合地面五角星拼花图案，让整个黑白空间显得活泼生动。

▼经过设计师精心设计而成的六边形彩色拼花瓷片，活泼而富有个性。

Villa Magnolia 别墅
图片来源：汉斯格雅

加拿大一处私人住宅的卫浴间。纯白空间，全靠瓷片的不同形状和纹理创造出每个墙面不同的特征。一盆蝴蝶兰点缀其中，女性气质突显。

卫浴设计师：Studio Z Design

因气候炎热，墨西哥一处安静的水疗中心采用镂空的红砖色隔断墙，颇似中国古典园林的花窗造型，不用多余的摆设就让原本枯燥的空间顿时丰富起来。

▲希腊雅典瓦斯酒店，整个墙壁有点蒙特里安的影子。蒙特里安把几何学作为造型的基础，寻求一种体现永恒价值的艺术。他认为红、黄、蓝三原色"是实际存在的仅有的颜色"，水平线和垂直线"使地球上所有的东西成形"。所以，在他的作品中就只有红、黄、蓝三种颜色和水平线、垂直线两种线条，而且这些元素被组织在某种理性控制的结构中，与某种客观的规律性结合。这种绘画风格不仅体现了理性主义的完美思想，更被认为是影响后现代主义风格绘画思想的渊源之一。

16

欧亚风格

▲奥伊斯基亚美隆公园酒店的水疗室，宽敞、采光照明好。
温婉的绿色搭配烛光，茜茜公主的影子时隐时现。

▲阿姆斯特丹 Conservatoriu 酒店卫浴间，落地玻璃有
着教堂般的肃穆感。

图片提供：Heavens Portfolio

▲奥地利兰德豪斯瓦史特霍夫酒店的洗手台，带有明显弧度的典型欧陆风格实木家具，精致的把手与线脚是细节控的最爱。

▼萨尔斯堡戈尔德加斯酒店的卫浴空间，简单、朴素，造价低，但非常实用。

▼德国 祖母绿色大理石、略带弧形的象牙白色抽屉，菱形拼花腰线，经典老电影中的场景历历在目。

▲奥地利维也纳萨赫酒店，黑白菱形拼花地坪，经典永不过时；淡绿色玻璃扩大了拱形空间，复古式样的金色壁灯透过玻璃反射，让人回到古典岁月。

▼比利时布鲁日庞德艾特设计的浴室，由镜子和浴缸为中轴线分割空间。

▲瑞士格施塔德皇宫酒店的浴缸，黑金花大理石美丽的颜色、花纹，较高抗压强度和良好的物理化学性能，都为壮丽山川增色不少。

▼ "马赛克"一词源于古希腊，意为"值得静思，需要耐心的艺术工作"的意思。奥伊斯基亚美隆公园酒店的浴室，贝壳马赛克表面晶莹、高贵迷人，这是大自然馈赠的礼物。

▼德国 Gerbermühle，三角形窗户非常别致。

▲这里的洗澡水洁净到能喝，信不信由你了。

▲瑞士莱斯罗伊斯大酒店浴室，黄色带暗花纹的壁纸让人回想起 1681 年（号称全世界最古老的酒店之一）。

▲苏黎世 Baur au Lac 酒店的花瓣浴房间，仿木色镜面拉丝材质的洗脸柜配贝壳色小面砖，四周插满了鲜花。看来足不出户，就能感受到满园春色。

图片提供：Heavens Portfolio

▲采用汉斯格雅 AXOR Montreux 雅生蒙特勒系列浴缸龙头和面盆龙头。

奥地利维也纳萨赫酒店的浴缸，不大的空间被云石包裹着，好似泼墨画一般。在此泡澡有种"天青色等烟雨，而我在等你"的感觉。

来到奥地利雅格古德沃特霍夫木屋酒店的浴室，犹如走进了猎人的家：鹿角、羊头、木质脚盆，昏黄的光线，实木墙壁，处处弥漫着中世纪的生活气息。

The Gritti Palace 酒店位于威尼斯大运河一幢前贵族住宅内。祖母绿大理石被大量运用到墙面和地面，卡德维浴缸镶嵌其中，穆拉诺玻璃制成的镜子和隔断有着一级棒的材质感。总之，这里处处皆古董。

祖母绿作为五月诞生石，寓意重获新生，具备一种神圣的力量。

坐落在法兰克福的 Levi's 25 小时酒店，每间房间的室内装饰让人联想到 Levi's 牛仔裤广告场景：旧木材、磨旧处理的时髦皮革家饰家具。丹宁色粗纹理墙纸让人联想起斜纹粗布质地的牛仔面料。

17

装饰艺术风格

▲装饰艺术风格不排斥机器时代的技术美感。奥地利一处套间卫浴，流线型线条成为典型的装饰图案。色彩运用方面以明亮且对比强烈的黑白色系为主，具有强烈的装饰意图。

> 费尔蒙德国维尔加雷泽坦酒店的卫浴间，再次使用黑白顶角线装饰，使空间不再无聊。

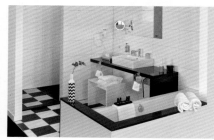

<Wings 位于鹿特丹海牙机场，狭小空间需要更简洁的设计，而黑白色是不二之选。

▲罗姆-罗科·福尔蒂酒店的浴缸，顶灯将浴缸照得通体明亮，和周围黑色大门比起来，有点蒙太奇效果。

↘ 巴塞罗那 The Serras 曾是毕加索于 1896 年使用的第一间工作室。现代低调的装饰和世界一流的设施处处透出炫酷和时尚的味道，也将历史、艺术和感官享受融为一体。

> 澳洲 Halcyon House，斑斓的蓝白拼花地砖，在纯白卫生间里显出一份东方神韵。而一旁的小木几更增添几分人文气息。

▲天津海河英迪格酒店，大气而沉稳的黑白色块地砖配藤蔓植物的墙柱，力图在展现东方文化之美的同时又不排斥机器时代的技术美感。

▲几何图形象征机械与科技解决了人类的种种问题。

> 如同白纸黑字的道理，钢琴家创作就像用羽毛笔沾黑墨水在白纸上谱音乐，是一种意识形态。黑白，是对比色中较为中性且不易造成视觉疲劳的用色，用在卫浴中有让人放松的效果。

▲三盏圆球形壁灯使光线均匀，
黑色铸铁表现别致。

▲巴尔的摩市中心的英迪格酒店卫浴间，褐色菱形背景墙极富装饰韵味。

< 繁华热闹的都会特色，上海唯一以装饰艺术为主题的上海朗廷扬子精品酒店，浓厚的艺术气息和浪漫的 30 年代老上海黄金岁月的辉煌需要慢慢品味才能感受得到。

▲美国格林威治酒店的浴室，菱形拼花经典永不过时。

▼ Art Deco 不排斥几何的、纯粹装饰的线条表现时代美感。

▲葡萄牙 Vidago Palace 利用藤蔓植物的茎条，经抽象提取成地砖装饰。象征东方文化的蝴蝶兰，柜子和浴缸都采用褐绿色，是很古典的用色。

▼尼斯内格雷斯科酒店的卫浴空间，无论是红还是绿色的竖条纹都显得时髦大气，还与小块同色系地砖色系呼应。

▼同一空间采用不同色系有效分割不同功能，实在太高明了！日内瓦文华东方酒店卫浴间，一边是黑色大理石洗手台，一边则是以浅米灰色拼黑色竖条纹的浴缸。

▼耶路撒冷美国殖民地酒店的卫浴间。究竟是美国乡村呢？还是中东？有点分辨不清楚。

▲ Imperial Etoile Basin Stand，家居体验总是要合人合情合缘，当然质感也不可或缺。

▼这是菱形贴和简单拼花的效果，没有太过花哨但很实用，富有韵律美感。

儿时常见的小方砖，隔色斜铺让浴室变得既时尚又怀旧。而一旁的粗手工布很有年代感，像是妈妈亲手织的吧？

▲以色列，黑边腰线和地砖同款同色。浴缸旁的弧形装饰，配黄铜镶边镜子，旧时贵族气息扑面而来。

< 耶路撒冷人喜欢的箭头符号被运用到了浴缸墙壁上。地面镶菱形黑白小砖,实用、耐脏。镜子有着宽宽的铜质镶边，地域性极强。

18
意式风格

▲意大利戴尔尼罗温泉城堡酒店的洗漱间，粉嫩的手工壁画，仿佛走进了美第奇家族的豪宅。

▼墙上，一盆美丽的盆栽植物出现了！意大利的能工巧匠们总是擅长变废为宝，利用零碎瓷片打造出美丽主题墙画。

↘就连门都是镶着金边，带着手工彩绘的。估计世间再无二。

改建自形致迥异的石穴，凹凸有致的石墙上凿壁而成的烛台间，烛火摇曳于泛黄的石灰岩中。一如马泰拉老城般古朴而肃穆。仿佛置身千年前的石穴修道院，凝神敛息间，似是能耳闻那湮没于历史长河中的亘古跫音。

▲意大利，畅想海边生活！马赛克仿造波涛起伏的海浪，好似泡澡人欢愉的心情。

↘古典即是美！

▲三角纹饰的地面，椭圆形镜子，浓浓的古典气息扑面而来。镜中，那个鹅蛋脸的女子正迎面走来……

↘镜面反射好似暗夜酒吧，实则洗手台面，另类时尚。

▲罗马 J.K. 广场酒店，以豪华、壮丽为特色，室内色彩搭配采用黑色、红色、绿色及金色等色彩的组合。

▼意大利美第奇别墅的卫浴间和 SPA 间，古罗马风格的墙面采用大理石贴面，用壁画加以装饰，并铺设色彩瑰丽的马赛克。

▲犹如置身于繁华大都会中的悠闲绿洲，Le Rivage 为乐声置业与蜚声国际的室内设计师 Andrée Putman 携手之作。完美糅合温馨气氛于舒适设计之中。偌大浴室设有特大雨淋式花洒，及铺上意大利 Bisazza 马赛克瓷砖，缔造奢华极致的享受。

▲如果喜欢在白雪皑皑的阿尔卑斯山下泡个热矿温泉，Bormio 最适合你！

▲意大利勒格罗泰德拉奇维塔酒店。特立独行的情侣们，就在属于你们两个人的洞穴里，享受烛光晚餐和双人浴，享受无人打扰的静谧与甜蜜。

▲美第奇家族宽大的卫浴一角

▼法国边境的迪夫索蒙塔耶卡拉酒店的浴缸，客房依然保留原有特色。来到这里，犹如进了童话世界。

◄意大利人擅用黄铜与大理石打造带有奢华的风格，连座椅都由华丽织物组成。

▲罗马风格的室内引入了曲线及多轴线空间的概念。木质屏风既遮蔽隐私又增添装饰性。杂木色三角拼接地板很有特色。

> 意大利人算是把大理石、金和铜等材料发挥到极致了。龙头和多角形洗手池都经过非常细密的加工、磨制，加上玫瑰色的壁灯，在阳光映衬下犹如宫殿般繁复而华丽。

米兰布里斯托酒店的浴室，各种不同颜色的马赛克拼画保你眼前一亮。将庞然呆板的建筑勾勒出令人动情的亮点，将生活置于和谐的建筑思想之中。马赛克可以说是运用色彩变化的绝对载体，其丰富的色彩和相互交织的图案，不仅在视觉上带来强烈的冲感，更给空间赋予了全新的立体感、流动感和跳跃感。

▲位于加尔达湖畔的豪华庄园 Villa Feltrinelli，是 Feltrinelli 家族在 1892 年修建的私人花园。1997 年被旅馆大亨 Bob Burns 收购。走进这 里，优雅的壁灯、豪华的大吊灯、彩色的墙壁和精雕细琢的木质天花板， 都让人眼花缭乱。面对着清澈的湖景和对面的群山，泡个澡，是个逃离 都市并放松身心的好地方。

▲ Il Salviatino 是璞富腾酒店及度假村旗下 Legend 系列的奢华酒店，位于佛罗伦萨郊区费埃索的山丘市镇，酒店前身为 15 世纪贵族的宅邸，由意大利籍著名设计师 Luciano Maria Colombo 操刀设计成为壮丽豪华的别墅酒店。浴室空间及细节设计散发古老空间的贵族气息。

▲像雾像雨又像风，这是一个《看得见风景的房间》。光影效果很是迷离。黄色墙壁在夕阳和灯光作用下，保准让你《情迷佛罗伦萨》！

▼铁艺扶手、手工铺设的细木条地板富有年代感。半透明白纱好似美女的裙摆，随风飘荡。手工洗手台盆有着优美的曲线。这里，怀旧又浪漫，经典能传世。

▲灵感来自佛罗伦萨大教堂的穹顶画。精良的镌刻、金线和石刻浮雕，显现出特别富丽的品格。而底部的浴缸也十分搭调，显出自然古朴的美感。

▲意大利帕拉索穆拉特酒店的卫浴间和 SPA 间，无处不在的壁画。

▲意大利风格的最大魅力来自其纯美的色彩组合。长海岸线、建筑风格的多样化、日照强烈形成的风土人文，使得意大利具有自由奔放、色彩多样明亮的特点。

< 波浪纹的墙砖和海浪主题十分贴近。

19
极简风格

▲西班牙萨拉曼卡圣埃斯特万宫酒店卫浴间，磨砂玻璃和浴缸蒸汽色调相互呼应，氤氲馨香。

< 土耳其 Hotel Su，白茫茫一片。稍不留神，就会"下水"！

▲ 加尔达湖滨的意大利丽都皇宫酒店浴室，暗黑背景墙搭配明亮浴缸，通透感很好。

▲金奈马哈巴利普兰洲际度假村的浴室，结合南印度特色，选择了民族常用色调，并将传统元素化繁为简，打造出印度极简风格。

> 阿德莱德，一处"赤裸"的卫浴间。索性连管道布线全部刷白，也不失为一种经济实用的好办法。

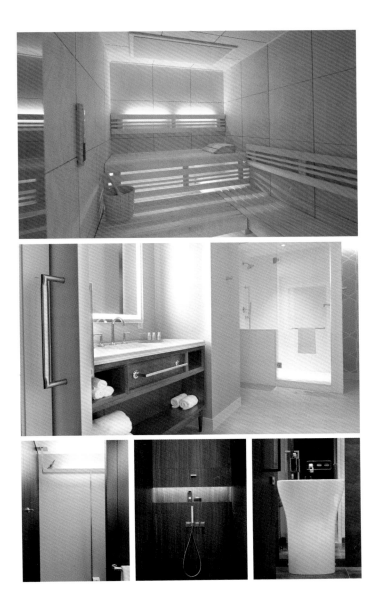

▲哥本哈根蒂沃里酒店的浴室，透明和白色，仅一墙之隔。

▼里斯本，看得见风景的房间：水泥墙和刷白的墙壁，就简单的吧。

▼米兰文华东方酒店有着超大的按摩浴缸。来这里泡澡也是爽呆了。

▲云多拉灰大理石的产地就是土耳其。云多拉灰有细细的云丝纹均匀分布，其外观古朴而典雅，给人和谐、自然、舒适之感。此料非常适合室内地面与墙面，颜色低调却不乏大气，也能充分体现设计师的巧妙构思和精美创意。

> 瑞士拉格斯，索列尔塔米纳酒店房间一角的浴缸。

▲土耳其是重要的大理石产区。伊斯坦布尔博斯普鲁斯瑞士酒店的洗手台面大理石纹理自然写意，不拘章法，大气而灵动。

▼科隆奎斯特隐居酒店的浴室配有巴黎地铁瓷砖和古怪的细节，如"蝗虫"落地灯由葛丽泰格罗斯曼。

▼德累斯顿的瑞士酒店全明浴室，白色系也可以打造丰富细节。

▼顶部镂空椭圆形天窗配地面同样形状和大小的浴缸，天地呼应。自然采光环保省电。

▼白色几何形状拼花玻璃隔断，一边泡澡一边晒日光浴，舒服极了。

▼红与黑是经典配色。白色浴缸在此就像件艺术品。

瑞士瓦尔斯 7132 酒店的日光浴空间
图片提供 : Heavens Portfolio

▲伦敦北部一处私宅，白皙的浴缸在灯光点缀下，有点像舞台的帷幔效果。

▲阿姆斯特丹公园酒店的浴室，蜡烛为这个原本简单的空间增添气氛。

▼广州四季酒店观景浴室，HBA 设计

图片来源：卡德维

▲美国亚利桑那州，斯科特斯戴尔安达仕酒店的卫浴间。地处炎热地区，简洁、清爽很重要。

▲木质小矮凳一物二用，既能放东西又能休息。

▼极简主义，并不是现今所称的简约主义，是以简单到极致为追求，感官上简约整洁，品味和思想上更为优雅。

▼隈研吾善用光线与空间，把瑜舍白昼的景观幻化成夜晚；并突破传统建筑规范营造出顺畅自然的空间，让充足光线流进。隈研吾表示："为展现城市绿洲的平静特质，瑜舍整体以绿色为主题，并以自然光线及灯光作为重要设计元素。"

▲卫浴设计：Glow Design Group，摄影师：Peter Clarke

▼简单而有品位。这种品位体现在每一个细小的局部和装饰，都要深思熟虑。在施工上更要求精工细作。简约的空间往往能达到以少胜多、以简胜繁的效果。

在日常生活中"不断舍弃废物，脱离对物品的执念"。不断用"断舍离"的生活理念要求、鞭策自己。减少清洁、整理和逛街的时间，能使我们有更多时间和朋友们一起出去旅游，人的思维也会变得更加活跃。

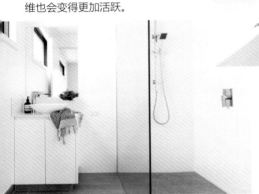

拥有的并不比别人多，但这也意味着屋主珍爱、喜欢拥有的每一件物品。成为一个极简主义者可以让你真正喜欢的事物从生活中自动显现出来。

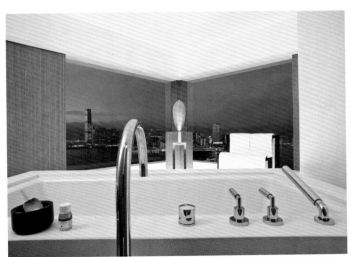

▲ 香港奕居的淋浴房，没有多余的可拿走之物。

305

20

英式新古典风格

▲伦敦皇家凯馥酒店的卫浴间将古老的建筑遗产与现代设计相结合，以严谨和细致入微的现代化设计细节，重现路易十六时期的辉煌风格，处处折射出深厚的文化积淀。

图片提供：Heavens Portfolio

▲墨尔本丽爱图洲际酒店卫浴间,空间不大,圆形台盆、浴缸和窗户的拱形自成一体风格。

▼突出庄重,蕴育雍容!爱尔兰这处卫浴间不仅追求细节的精致,更注重彰显一种华美。

▼布宜诺斯艾利斯的阿尔维阿尔皇宫酒店浴缸,大理石花纹和刻金都给人一丝不苟的印象。

▲ 英国骑士桥附近的联排别墅卫浴间，由 STAFFAN TOLLGARD DESIGN GROUP 设计。

▲ 仿木纹墙纸被整齐地打上铆钉，马蹄莲象征"圣法虔诚，永结同心。"

▼ 览尽所有设计思想、所有设计风格，无外乎是对生活的一种态度而已。伦敦朗廷酒店的西套间，繁复的设计无非想表达主人高雅身份。

▲南非皇家李文斯顿酒店标准房洗漱台。

▼南非帕拉佐蒙帝赌场饭店卫浴套间。黄金色系是英式风格中常见的主色调，少量加入白色，使空间看起来更明亮。

▲在注重装饰效果的同时，用现代手法和材质还原古典气质。新古典具备了古典与现代的双重审美效果，让人们在享受物质文明的同时得到了精神上的慰藉。造型设计不仿古，也不复古，而是追求神似。

▼伦敦文华东方酒店宽敞的卫浴间，波浪纹大理石和地面曲线拼花相得益彰。设计师尽量用石材天然的纹理和自然的色彩来修饰人工的痕迹，以呈现天然之美。

兰斯铂瑞伦敦店的浴室,蓝灰色大理石配蓝色涂料墙壁,柔美而奢华。窗帘将盥洗和浴缸功能一分为二。梳妆镜和桌椅镶花刻金,一丝不苟。

▲家具式样精炼、简朴，雅致；
做工讲究，装饰文雅。
曲线少，平直表面多；
一切显得更加轻盈优美。
图片来源：IMPERIAL BATHROOMS

21

英式乡村风格

▼暮色中的阿代尔庄园，犹如一位身披华贵衣服的贵妇。

▲伦敦 Cowoth Park，定制的表皮呈金色调的浴缸是此处设计亮点。

▼在这有着三角斜面屋顶、白色喇叭形顶灯的屋子里泡澡，感觉十分清爽。

22

英式现代风格

▲香港无间设计的皇都花园，由设计师吴滨设计。

< 英国金斯顿大厦内的一处卫生间，洗手池的曲线特别舒缓，暗黑色调搭配紫色盆花，一抹馨香扑面而来。

< 伦敦海德公园旁Katharine Pooley 家的卫浴间，看起来非常静谧。

安达仕伦敦利物浦街店的卫浴间。
十字形地毯平衡了整个空间。英国
人有着历史悠久的红色情结，英国
人认为，红色体现了积极向上锲而
不舍的民族精神。

这处别墅位于西萨塞克斯的奇切斯特，一位古典美人指引着你进入位于半地下室的卫浴间。枚红色的浴池里，温泉在跳动，仿佛在说："累了吧，快来泡澡！"

由 Andre Fu 设计的柏凯丽酒店的主浴室呈现出和谐平静的视觉效果。从家具陈设到灯光照明,每项细节都度身而设。将一个宏伟的空间打造得美轮美奂并不难,挑战在于如何营造私密的气氛。

▲伦敦皇家凯馥酒店的卫浴间，设计师懂得留白即是美。

▲衣帽间好大，分门别类，足够你放换洗的衣服了。

布朗灰大理石既低调
时尚，又富含神秘气
息。

23

中式古典风格

▲三亚悦榕庄，铺满玫瑰花瓣的白色浴缸被潮湿而温润的雨林包裹着。

▼由 HBA 全力打造的北京四季酒店的浴室，玉石、云石随处可见，铺设豪华手织地毯，其大胆几何线条与中国风柔和的笔触相映成趣。

全然复制中式传统会显得压抑、沉闷，已然不适应现代生活的要求。用别致的园林符号稍做点缀，就会让房子蕴含水乡情调。设计上紧扣莲字诀，卫浴间的台盆如莲花娉婷盛开，古朴水乡韵致扑面而来。

丽江丽世酒店的卫浴间，只为美哭你而存在！铜洗脸盆、纯木质箱子、木几、木屋顶......除了大理石台面和地面，一切都很"旧"。摒弃传统模式并采用简约清新、触动感官的方式来体现全新的民俗风貌。

▼一缕阳光，好一个鸟语花香的悠然世界。水磨石经济实惠，和木纹搭配显得一点都不低档。加上定制的背景墙，整个屋子的层高被拉升了。

▲看中国元素如何体现在灯具中？灵感来自树林，邂逅林地，有感而作。

设计灵感源自中国古诗及画作，体现了腾冲独特的文化与丰富的遗产。腾冲悦椿温泉村采用拱形屋顶设计，石铺小路穿梭于花繁树茂的花园中。所有汤屋及汤院皆配有一个私人温泉汤池，在泡池中躺下，观赏周遭静静围绕的花草树木，偶有发黄的树叶掉落池中，像个安静的朋友。

24

中式新古典风格

▲湛蓝一片的圣地亚哥安达酒店的浴室，背景墙有点像元青花纹饰，最大特点是构图丰满，层次多而不乱。

▼纽约文华东方酒店的卫浴套间，中西合璧的设计，比纯粹西式的风格更适合纽约这个海纳百川的都市。

▼巴黎的香格里拉酒店的卫浴套房，漏窗、椭圆形古董镜，金色壁灯……中国人擅用的家具被嵌入在西方环境中，加上巴黎优质的皮椅、木料，世间好物仿佛占绝了。

▲神州半岛福朋酒店 SPA 间，金箔色墙壁上挂海南少数民族装饰画，海岛气息扑面而来。

▲上海宏安瑞士大酒店总统套房的水疗室，金色圆顶与垫高地台的沐浴池互相呼应，顺台阶延伸到其他空间，有曲径通幽之意境。

< 香港方黄建筑师事务所设计的九龙仓时代尊邸，古董盒子陪伴在水池两边，尊贵的感觉有时就需要重色调才能凸显。

▼多伦多香格里拉酒店的浴室，包括大门，都是十足中国风。

拉斯维加斯文华东方酒店，云石台面和地面，"洋兰王后"中式蝴蝶兰
和各种壁灯，中西合璧的美感呈现在众人眼前。

阿姆斯特丹安达仕酒店的卫浴间。一体化成型的圆形定制浴缸，青花瓶子摆设和菱形壁纸色调一致。一把雕工很细的大勺子作为装饰画横卧在墙上。在不锈钢龙头和凳子的衬托下，无论木质还是银勺，都给人耳目一新的感觉。

杭州西溪悦榕庄水悦别墅，仿照江南水乡建筑风格，踏足设计大气古朴的卫浴空间，仿若置身旧时大家宅院。空间都以四季时令为主题，点缀以精美花卉与鸟儿为主题的手绘壁纸及地毯。躺在宽敞的浴盆中，手工雕塑花岗岩洗手台，以古典质感提炼设计为变化丰富的材料肌理，彰显格调与品位。

博舍由英国著名设计师事务所 Make Architects 担任设计，设计理念糅合成都当地自然景观和传统建筑元素，包括竹、木材、青砖、石材。选用浅橡木打造系列家具，缔造宁静时尚的都市休憩空间。木材饰面及其柔和质感营造出舒适温馨的感觉。传统中式屏风散发出与众不同的魅力。

香港问月酒店卫浴间以中秋神话故事"嫦娥奔月"为模板，透过家具、中式图案、牡丹花马赛克装饰等，巧妙地以现代手法演绎中国传统文化。浴缸选用雅生奥奇拉系列 Axor Urquiola，洗手池选用汉斯格雅梦迪宝系列 Hansgrohe Metris。

北京诺金酒店整体装饰采用现代材质表达明代文人随性、闲适、简约、随性的特点。面盆龙头采用雅生奇特里奥 M 面盆龙头 AXOR Cerririo M-Hansgrohe 、汉斯格雅普拉维达 PuraVida 独立式浴缸龙头等最新款卫浴设备，保证"明朝人"也享用高科技带来的福利。

上海浦东文华东方酒店宽广的 SPA 间，以西方的装饰风格和为主，混合一到两件中式家具，往往产生极美的效果。

台北文华东方酒店美丽的浴室，吸取传统装饰"形"、"神"的特征，呈现东方特有之美。

▲每一件中式家具就像一首经典的老歌，在每一个流动的音符中都蕴涵着深深的韵味，只有细细品味，才能悟出一些哲理来，它独特的魅力也会吸引很多的视线。

▼选择恰当的中国元素，才能让居室散发古雅而清新的魅力。

▲香港半岛酒店的浴室就像一位远东贵妇，每每喝着香槟起泡酒，看着幻彩咏香江表演的时候，心情澎湃。

▼ "竹"壁纸是一种隐喻，借用植物的某些生态特征赞颂人类崇高的情操和品行。竹有"节"，寓意人应有"气节"。

萧视设计的江南华府是对新东方主义风格的探索。它融华贵、内敛于一体，既有中国古典文化的含蓄，也有现代生活的奔放，更有西方风格的雍容华贵，是一种高级生活品质的体现。

▲朱家角安麓由国宝级古建匠人、马来西亚建筑及室内设计师冯智君与澳大利亚灯光设计团队 The Flaming Beacon 设计。

▼中国古人对居住环境的研究和追求，其精雕细琢远远超过我们的想象。他们的一些室内设计理念和当今最流行的简约主义有一些不谋而合之处。

25

传统田园风格

▲红色马赛克象征红砖、田园和诗意。

▲ Bill & Coo 酒店大量使用天然材质，如：木头、草编、石器等，很有田园牧歌的感觉。

▼马拉喀什纳马斯卡皇宫酒店的露天浴室，总是被蓝天白云、鲜花灌木围绕。据说，酒店的老板根据环境的和谐参数来设计一切。

▲毛里求斯塔玛莎酒店卫浴间，花朵图案的装饰画配上艳丽的枚红色背景，岛国人们的热情就像这盛开的花儿。

▲澳洲伯克利河的山林小屋位于金伯利海岸。设有露天淋浴室和独立浴缸。每间小屋都设有一个宽敞的起居区和配有完整家具的户外甲板。

▲广州四季酒店的浴室，由 HBA 悉心打造。

> 柏林柏丽娜霍夫城市伙伴酒店的洗漱台，浅蓝色玻璃配上一枝黄色插花显得非常田园气。

自然的，才是最美的！好望角一处 SPA，几块青石板，踏出一份悠闲与舒畅。田园风格里，粗糙和破损是允许的，因为只有那样才更接近自然。

▲阿布扎比 Hyatt Capital Gate，几行篱笆就营造出田园氛围。

▲线条圆润纷繁秀丽的碎花图案是欧式田园风格家具永恒的主调。

▲ Carmel 的家，由 Graham Bigelow 设计。藤蔓是永远的爱好，配合真实插花，空间线条也变得更亲切友好。

▼亚利桑那凯悦矮松尖酒店浴室，几根树枝拼成的装饰画十分自然亲切。

▲不丹 UMA PARO 别墅浴室，材料多为传统不丹居民常用的石头、木材和瓦片。但设计师巧妙地将不丹传统风格时尚化，造成了旅行者容易接受的异国情调，使其既有因现代设备带来的舒适便利又处处洋溢着原始的风味，大有"西方视角的东方风韵"之意。

▲东京柏悦酒店 SPA。石头、砂砾、小灌木组合而成的装饰画，层次丰富。

▼德雷斯顿瑞士酒店浴池，石块和马赛克拼积出天然和人工的对比感觉，加上壮丽河川的摄影照片，很有纹理感。

▲乌拉圭卡梅隆凯悦度假村全木质浴室，配上窗外绿色，还真像森林小木屋呢！

▲设计：Larisa McShane and Associates

> 青色大理石铺就的莫斯科瑞士酒店的浴室有着斜面屋顶，是晒太阳的好地方。

> 上海证大丽笙酒店的浴缸，天顶画很有墨如泼出、奔放的气势！

▲意大利班迪塔联排别墅的浴室，色调以咖啡色为主，结实的木梁和厚实的皮质沙发让人看着很放心。

▼希腊 Naxian Collextion 度假村，竹子窗户配木桌椅和石头浴缸，只有镜子和水龙头是现代产物。

克里斯多加兰奇旅馆坐落在美国著名的葡萄酒产地——纳帕谷。而他家的露天浴室，简直就是天然山林氧吧！在这片广袤的山谷中，把身体完全浸没在温暖的泡泡浴里，睁开眼看到的满是葱郁绿树，这才是真正的森林浴！偶尔还有红酒的香气一缕缕飘来呢！

腾冲悦椿温泉村的温泉汤屋阳台和泡池。

你可以像只自在的鸟儿在树顶别墅栖息，或落脚在舒适夯土小屋。莫干山裸心谷酒店的浴池，能让人远离尘世喧嚣，体验不着痕迹的奢华。

不丹 UMA PARO，没有玻璃的石头窗户，镀银的镜子，一切源自天然。

26
现代乡村风格

▲提沃利维拉摩拉海滨酒店露台浴缸，木与石两种材质象征刻苦创新的开垦精神。

▼日本吉玛玛雅精品酒店浴室，仿冰裂纹，暗黑色调。

▼安道尔索而多酒店浴室，质朴、天然。

▲以舒适机能为导向的意大利卡普里皇宫水疗酒店浴室。

▲金边圣卡酒店浴室，喜欢宁静的人的最爱。

▼新加坡嘉佩乐酒店，将一份温软，悄然安放于旅行的希冀之中。

▲德国汉堡 East 酒店。凭借一幅山水写实照片让这个桑拿屋与众不同。以享受为最高原则，在木料选用上强调舒适度，体感极佳。

▼希腊 Liostasi 酒店卫浴间，毫不雕饰的木头保留其原始纹理，还刻意添上仿古瘢痕和虫蛀痕迹，呈现古朴之美，展现原始粗犷的乡村风格。

▲高高的木梁裸露着，成为一种装饰更呈现出特有的美感。科鲁迪卫浴在此成了最"细腻"之物。

▼主张生活的闲适，对实际运用到的物品细节考虑非常到位。

▲意大利 Lungarno 酒店浴室，Michele Bönan 秉承"和谐与反讽"的理念，对细节精益求精。镍质水龙头和其他配件更是经典。

▼印尼乌干沙悦榕庄的浴室，周围都"长草"了！

▲以深绿、土黄色为基调的巴厘岛阿丽拉乌鲁瓦图别墅卫浴间，整体情境开敞明亮、舒适自然。它矗立在海岸线上 100 多米高的石灰岩悬崖之上，背山面海，拥有浪漫的悬崖海景。

▼因主人迷恋竹子，而旧金山较干燥不适合种植，设计师 Graham Bigelow 选用毛竹颜色的浴室主题墙，一抹清新绿有很好的比拟效果。

▼北京古城老院，一朵"玫瑰"艳而不俗，适合豪而不土之人。

▲ Shelter 岛上农舍。由 Schappacher White Architecture DPC 设计，摄影：Jason Lindberg

▼夏威夷娜娜科哈拉别墅卫浴间。故意做旧的家具、最本色的材质，虫子洞、伐木钉眼、漆面不整的破皮。就是第六感所说夏威夷文艺之处。

27
日式风格

▲洛桑美岸皇宫大酒店的日式花瓣浴，躺在全木质浴缸里，非常养生。

▼日本文华东方酒店，洗去纤尘就是美。

▲星野 Hoshino Resort Risonare

▼受和式建筑影响，讲究空间的流动与分隔，流动则为一室，分隔则分几个功能空间，空间中总能让人静静思考，禅意无穷。

28
中东风格

▲土耳其塔克西姆马尔马拉酒店的 SPA 间

▲墙上挂灯，也是土耳其的一种典型风格。低吟浅唱间已经房获人心。

> 以色列，整个房间充满艺术感的装饰让人仿佛置身于奇幻的拼砖地带。

▲阿联酋 Al Wadi 悦榕庄浴室

▼华尔道夫阿斯托利亚酒店浴室

▲土耳其 elite world prestige 酒店 SPA 设有传统的瓷砖土耳其浴室。

▼凯宾斯基伊斯坦布尔 Ciragan Palace 卫浴，伊斯兰的纹样堪称世界之冠。题材、构图、描线、敷彩皆有匠心独运之处。

▲金箔被用到了帆船酒店的浴室，极尽奢华之能事。连门把、厕所的水管，甚至是一张便条纸，都"爬"满黄金。所有细节都优雅不俗地以金装饰，则是对设计师品位与功力的考验。

▼阿联酋 Al Wadi 悦榕庄冰屋　　▼沙特 Al Faisaliah 酒店卫浴间

▲ "Satori" 象征着心灵的顿悟，刹那突如其来的喜乐、平安与宁谧。

迪拜来福士酒店卫浴。几何纹样断然独创：无始无终的折线组合，转瞬间即现出了无限变化，与几何纹和花纹结合更构成特殊形态。并且以一个纹样为单位，反复连续使用即构成了著名的阿拉伯式花样。

▲ One& Only 东方浴庭的完美服务，让你焕发美丽神采。

▼伊斯兰风格几乎有穹隆，往往看似粗糙却韵味十足，装饰意义大于实际功能。

▼设计仿照拱顶大楼，雕饰圆柱和华丽陈设令人目不暇接。

马拉喀什文华东方酒店的浴室，摩洛哥有着浓郁的地域风情。造型壁龛，经典花窗隔断，整个空间以白色为主，纯洁素雅。

▲仿古中东文明而设计的卓美亚帆船酒店，水疗区域的颜色采用阿联酋国旗中的绿、红、黑和白色。墙壁和地板采用罕有的 Statutario 大理石，与文艺复兴三杰之一米开朗基罗创造其雕塑名作时所使用的大理石相同。

▲土耳其
Les Ottomans

阿卡爱芬迪酒店，工匠们修复了手绘的
天花板。